冬枣

病虫草害防治技术

彩色图谱

DONGZAO
BINGCHONGCAOHAI FANGZHI JISHU CAISE TUPU

张耀中　金 岩　黄延昌 ◎ 主编

中国农业出版社
农村读物出版社
北　京

编委会

前言

枣属于被子植物门双子叶植物纲鼠李目鼠李科枣属植物，其果实维生素含量高，对人体健康有益，为“桃李栗杏枣”五果之一。其中，冬枣是枣的一个晚熟鲜食栽培品种，冬枣中又以山东省滨州市沾化区冬枣最为正宗，皮薄肉多质脆，有益人体心血管健康。因此，冬枣有“活维生素丸”“百果之王”“世界第一果品”之称。近年来，冬枣作为一项高效、优质、富有特色的产业迅猛发展，从20世纪80年代前的农家庭院种植发展到现在的大规模冬枣种植产业，适宜沾化冬枣种植的环渤海湾地区以及陕西、山西等其他区域也在大量引种。据不完全统计，全国冬枣种植面积近200万亩*，除山东沾化外，陕西大荔、河北沧州、山西临猗等地也形成了规模化种植，新疆、安徽、河南等地也开始逐渐扩大生产规模。

冬枣树势中庸，发枝力较强，枝叶较密，未经修建的冬枣树树冠多呈自然半圆形。山东沾化的冬枣树一般在4月中旬萌芽，5月下旬始花，6月上旬为盛花期，落花后坐果。10月上中旬果实进入脆熟期，开始采摘，10月下旬前后落叶。枣吊的生育期190天左右，果实生长期120 ~ 125天。

* 亩为非法定计量单位，1亩=1/15公顷。

根据其生长发育特点，可大致分为6个不同的生长发育阶段，即休眠至萌动期、萌芽至展叶期、开花坐果期、幼果期、果实膨大期、果实成熟期。不同时期有不同的栽培管理措施和病虫草害防治重点，抓好这些重点并实施有效管理，是确保冬枣优质高产的关键。

病虫草害是影响冬枣产量和品质的重要因素。据调查，冬枣主要病虫害73种、草害37种。危害比较严重的病虫草害有：锈病、炭疽、褐斑病、黑斑病、轮纹病、缩果病、青斑病、细菌性叶枯病、树皮疱斑病、浆胞病等；绿盲蝽、枣瘿蚊、红蜘蛛、锈壁虱、枣尺蠖、灰暗斑螟、桃小食心虫、枣黏虫、枣绮夜蛾、食芽象甲、枣龟蜡蚧、枣粉蚧等；马唐、虎尾草、狗尾草、藜、马齿苋、铁苋菜等。

本书共8章，前6章针对冬枣生长发育的6个阶段，分别阐述了各阶段防控时期、防控任务、主要防控目标、兼治对象、主要病虫害防治方法以及采取的综合管理技术措施，第七章讲述农药选择及其使用原则，第八章就冬枣栽培管理中的其他问题进行了说明。

本书可供从事植物保护技术推广、研究和农药管理的专业人员，从事冬枣种植的农户，以及从事农药生产和经销的企业及人员参考应用。

由于编写时间仓促，不妥之处敬请各位读者批评指正。

编　者

2020年2月

目 录

第一章
休眠至萌动期主要病虫害防控技术

防控时期：11月至翌年4月中旬。

防控任务：压低病虫（或虫源）基数，预防病虫害。

主要防控目标：红蜘蛛、树皮疱斑病。

兼治对象：绿盲蝽、枣黏虫、灰暗斑螟、康氏粉蚧、轮纹病、细菌性叶枯病、锈病、炭疽、褐斑病、黑斑病等。

一、主要病虫害

（一）树皮疱斑病

1. 危害症状　主要危害冬枣幼树主干和2～3年生枝条的树皮韧皮部，深达形成层，但不危害木质部。多从嫁接口、

修剪口、枣股及树枝分杈部位或伤口处侵染，初始病斑为一黄色小点，逐渐扩展至不规则形且明显隆起的黄色至黄褐色病斑，手压有柔软感，剥开外部发病表皮，韧皮部变为黄褐色海绵状组织，条件适宜时病斑发展很快，发病严重者病斑连成

片，整枝发病，横向完全围绕至幼树主干或枝条，纵向发展长达1米以上。病害发展到后期颜色进一步加深，呈红褐色、长条状或不规则形干瘪病斑，翌年随树木的生长，部分发病树皮皲裂。

2. 病原 病原为桃尖炫菌（桃茎点霉菌）*Phoma persicae* Sacc.，属于半知菌亚门。秋冬季寒冷、早春温度变化大时，易导致病害发生。树势弱或偏施氮肥的冬枣树发病比较重。发病严重时，可造成树势衰弱或枝干死亡。一般于每年的4月冬枣发芽时开始发病，6月冬枣开花坐果期为发病高峰，7～8月随气温升高病害发展趋缓，9月至10月上旬为第二次发病高峰。每年春、秋两次高峰，说明病菌不耐高温。

3. 农事管理措施

（1）加强栽培管理，改善栽培条件，增强树势，提高抗病能力，是防治冬枣树皮疱斑病的重要措施。早春发生冻害的枝条容易感病，增施有机肥，防止使用氮肥过多，可增加植株的抗逆能力，提高抗冻性，减轻病害的发生；也可在秋季深施速效磷钾肥，增加树体抗性，减轻翌年春季病害发生程度。

（2）及时清除园内死树、剪除病枯枝，带出园外集中烧毁，达到消灭病菌源的目的。

（3）预防冻害，冬前及时进行果树涂白，幼树绑草把和培土。涂白剂配方：生石灰12～15份、食盐2～2.5份、水36份，再加大豆汁0.5份或其他黏着物质。涂白前，先要刮净树上老翘皮、表面疱斑和新病斑。

（二）红蜘蛛

主要种类有朱砂叶螨 *Tetranychus cinnabarinus* Boisduval、截形叶螨 *Tetranychus truncatus* Ehara、二斑叶螨 *Tetranychus urticae* Koch等。

1. 危害症状 若螨和成螨群集在枣树叶片上吸食汁液，破坏叶片的叶绿素和组织，抑制光合作用，减少营养积累，叶片逐渐发黄直至枯死。严重时，造成提前落叶、落果，影响产量。

2. 发生规律 每年发生10～20代，从枣树发芽前开始出蛰，先转移到树下早春杂草上取食繁殖，枣树发芽后即可上树危害。主要危害树叶，高温干旱有利于发生。

3. 形态特征

（1）朱砂叶螨。雌螨：体椭圆形。长0.41～0.50毫米，宽0.26～0.31毫米。体呈黄绿色，越冬代体橙红色。背毛光滑，刚毛状。背毛6列，共24根。无臀毛，肛毛2对，有生殖皱纹。第一对足跗节有双刚毛2对，爪呈条状，末端有黏毛。

雄螨：体长0.24 ~ 0.38毫米，宽0.12 ~ 0.17毫米，比雌性小，体末略尖，呈菱形，体呈黄绿色。背毛7列，共26根。阳茎有明显的钩部和须部。

（2）截形叶螨。雌成螨体长0.55毫米，宽0.3毫米。体椭圆形，深红色，足及颚体白色，体侧具黑斑。须肢端感器柱形，长约为宽的2倍，背感器约与端感器等长。气门沟末端呈U形弯曲。各足爪间突裂开为3对针状毛，无背刺毛。雄成螨体长0.35毫米，体宽0.2毫米；阳具柄部宽大，末端向背面弯曲形成一微小端锤，背缘平截状，末端1/3处具一凹陷，端锤内角钝圆，外角尖削。

（3）二斑叶螨。雌成螨：体长0.42 ~ 0.59毫米，椭圆形，体背有刚毛26根，排成6横排。生长季节体色为白色、黄白色，体背两侧各具1块黑色长斑；取食后体色呈浓绿色、褐绿色；当密度大或种群迁移前，体色变为橙黄色。在生长季节无红色个体出现。滞育型体呈淡红色，体侧无斑。与朱砂叶螨的最大区别为在生长季节无红色个体，其他均相同。雄成螨：体长0.26毫米，近卵圆形，前端近圆形，腹末较尖，多呈绿色。

4.农事管理措施

（1）及时清除田间及周围环境中的枯枝、落叶，铲除田内外的杂草，并注意周围50米以内的叶螨寄主的防治，减少虫源，降低危害。进行冬季深翻，消灭越冬虫源，把在地面的枯枝、落叶、杂草上的越冬虫源翻到土壤深层，使其在翌春不能正常出蛰，可有效地压低虫源基数。

（2）树干涂抹黏虫胶，刮除树干翘皮后，在分枝下绕树干涂一层2 ~ 3厘米宽的黏虫胶环，可有效防治红蜘蛛、绿盲蝽等沿树干上下活动的害虫，黏虫效果达3个月以上。涂抹黏虫环后要撤掉支架、拉绳等与地面连接的物体。风尘天气要及时刷除胶带上的尘土、飞絮和虫体等。

（3）保护利用天敌。朱砂叶螨在田间的天敌有丽草蛉、中华草蛉、六点蓟马、小花蝽、深点食螨瓢虫、异色瓢虫、束管食螨瓢虫。当田间有一定数量的天敌时，应避免使用杀螨剂或杀虫剂，以保护田间的天敌有一定的种群数量，就可以避免害螨的危害。

二、本阶段主要管理技术措施

1.清洁田园 冬枣落叶后，及时清除园中枯枝、落叶、落果、树上残留枣吊和僵果；堵树洞、破虫茧、摘蓑囊。

2.刮除老（翘）树皮 春季，重点刮去主干及主枝基部的老树皮至木栓层，露红不露白。树皮带出园外深埋或烧毁。

3.树干涂白 一般在初冬时节，涂白能有效消灭在树干越冬的病虫害，并具有保护树体减轻冻伤和日烧的作用。涂白剂一般常用的配方：水10份、生石灰3份、石硫合剂原液0.5份、食盐0.5份、油脂（动植物油均可）少许。配制时先将石灰化开，把油脂倒入充分搅拌，再加水拌成石灰乳，最后放入石硫合剂和盐水。

4.冬耕冬灌 耕翻树盘，深度20厘米以上，捡拾越冬虫、蛹。深耕既可疏松土壤，增加透气性，提高地温，有利于根系发育，同时又可消灭大部分在土中越冬的害虫。于封冬前浇足越冬水。

5.施肥浇水 土壤肥力较差的枣园，应尽可能加大基肥使用量，上年秋季未施基肥的枣园，春季应尽早施用，也可结合催芽肥一起施用。基肥以粪肥、厩肥等有机肥为主。催芽肥以速效氮肥为主，可用尿素、二铵或充分腐熟人粪尿。施肥量要因地、因树制宜，一般基肥每棵树100千克左右。追施速效肥以尿素为例，幼树一般每株使用0.2千克左右，成龄大树每株使用0.5千克左右。对树势较弱的枣园应适当增加肥量，但施肥量也不能过大，因为冬枣属中庸偏弱果树，具有强不生蕾、弱不结实的特性。追肥后要及时浇水，有利于充分发挥肥效，促使冬枣萌芽整齐一致、生长旺盛，有利于花芽分化，打下丰产基础。同时，能提高树体抗病性，尤其是能够减轻冬枣黑斑病、细菌性叶枯病等病害的发生危害。

6.整枝修剪 根据枝干分布情况，主要是培养和调整树架结构，合理布局，为改善光照打好基础。对枝干及时更新，未拉枝的树此时拉枝开张角度，修剪出合理的树形。重点剪除虫枝、枯死枝和衰弱枝，刨除病死株。

7.化学防治 推荐防治用药配方：5%阿维菌素水乳剂8 000 ～ 10 000倍液+430克/升戊唑醇悬浮剂2 000 ～ 3 000倍液，或40%苯醚甲环唑·咪鲜胺水乳剂2 000 ～ 2 500倍液喷“干枝”。

第二章

萌芽至展叶期主要病虫害防控技术

防控时期：4月中旬至5月下旬。

防控任务：控制刺吸式害虫、细菌性病害和杂草，预防枝干病害。

主要防控目标：绿盲蝽、枣瘿蚊、叶枯病和杂草。

兼治对象：枣尺蠖、食芽象甲、红缘亚天牛、枣黏虫、枣刺蛾、龟蜡蚧、黑斑病、树皮疱斑病等。

一、主要病虫害

（一）冬枣叶枯病

1.危害症状　主要危害冬枣叶片，首先在枣叶上出现褐色小点，后扩大为深褐色不规则病斑，周围呈扩展状黄化，病

菌沿叶脉维管束传导，多数出现水渍状或扩展线，逐渐发展为半边叶片褐色至黑褐色焦枯坏死、缢缩，叶片向背面弓形弯曲，或者从叶尖向下呈V形干枯。当湿度高时，病斑一侧沿主脉和支脉常出现圆形褐色小球形菌脓。后期病叶易脱落，并且顺叶柄向枣吊侵染呈深褐色条斑。病斑一般沿枣吊维管束向基部扩展，深度一般局限在韧皮部，不开裂。该病可同时侵染冬枣的蕾和花，导致蕾和花褐色枯萎，花蕾着生部位枣吊呈三角形褐色凹陷坏死。

2. 病原 病原为石竹假单胞菌*Pseudomonas caryophylli* Star and Burkholder。菌体杆状，两端钝圆，大小为（0.5 ~ 0.51）微米 ×（2.52 ~ 3.28）微米，鞭毛单极生2 ~ 4根。革兰氏染色阴性，KOH反应阴性，不形成夹膜和芽孢。NA培养基平板上培养48 ~ 72小时，菌落2毫米左右，圆形稍隆起，有光泽，灰白色，菌落半透明状。菌体在NB培养基中28 ~ 30℃培养24小时，培养液混浊，沉淀表面有菌膜。菌株好氧性。生长最适温度为25 ~ 30℃，42℃能生长。最适pH为7.0左右，最高耐盐浓度为5%。

3. 发生规律 冬枣叶枯病由于其病原比较耐高温，因此持续危害时间长，自5月开始发病，至9月下旬仍有新的叶片发病，但危害已比较轻。该病在冬枣整个生育期均可危害。危害叶片时，大多从叶缘或叶尖侵染，说明可从水孔侵入。田间病菌接种表明，冬枣叶枯病接菌后24小时观察，各接菌点均无明显发病症状。48小时观察，接菌点出现褐色小点。72小时观察，枣吊及叶柄注射接菌点形成深褐色条斑，长度1 ～ 2毫米，颜色比较均匀，叶片针刺接菌点形成1毫米左右褐色病斑，无黄色晕圈。120小时观察，枣吊及叶柄褐色病斑略有扩展，病健处略有缢缩，但不开裂，叶部病斑扩展明显，呈不规则形、深褐色枯斑，一般中间不开裂。148小时观察，叶部病斑周围呈扩展状黄化，沿叶脉出现水渍状点或线，枣吊和叶柄病斑略有扩展。接菌后15天观察，叶部病斑仍扩展，呈深褐色，有的病斑个别叶脉一侧出现小菌株，枣吊和叶柄褐色条斑未再明显变化。

（二）冬枣溃疡病

1.危害症状　该病主要危害枣吊，叶片和幼果受害较轻。枣吊发病初期呈白色疱状突起点后开裂，纵向扩展，由

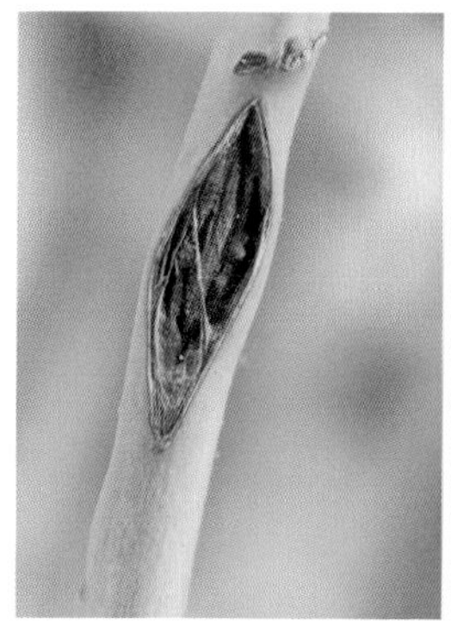

灰白色至浅褐色，呈溃疡状裂斑。叶片发病初期为半透明水渍状小点，后扩大为圆形、椭圆形或不规则形病斑，后期病斑开裂、穿孔。幼果受害初为白色疱状突起，后开裂流胶，病斑呈浅褐色至褐色凹陷。

2. 病原 病原为*Xanthomonas campestris* Pamme（Dowson，1939），称为油菜黄单胞菌。菌体短杆状，两端钝圆，大小为（0.4 ~ 0.5）微米 ×（0.9 ~ 1.5）微米，鞭毛单极生1根。革兰氏染色反应及3% KOH简易法试验呈阴性，不形成芽孢和夹膜。在NA培养基平板上，28℃条件下培养3 ~ 5天后，菌落2 ~ 3毫米，圆形、光滑、中间隆起、有光泽、黄色、有黏性。在NB培养基中生长混浊，有沉淀物。生长最适温度为28 ~ 30℃，超过40℃则不能生长。生长pH范围为4.0 ~ 9.0，最适pH为7.0左右，耐盐性为2.0% ~ 5.0%，严格好氧。

3. 发病规律 在冬枣新梢速生期至盛花期发生，5月上中旬开始发病，5月下旬至6月上旬为发病盛期。接菌后24小时、48小时观察，接菌点发病症状与冬枣嫩梢焦枯病表现相似，只是病斑颜色较浅，呈灰白色或浅褐色。72小时观察，枣吊注射接菌点形成灰白色或浅褐色梭形裂斑，长度2毫米左右，注射叶柄浅褐色条斑扩展明显，长度达2 ~ 3毫米，病斑中间色浅，边缘褐色；叶片针刺接菌点形成直径1毫米左右病斑，无黄色晕圈。120小时观察，枣吊裂斑明显扩展，深达髓部，长度达5毫米左右，放大观察条形病斑具有横的裂纹，叶柄上浅褐色条斑未再明显扩展，中间组织消解明显，叶部病斑扩展明显，呈不规则形，中间开裂或穿孔进一步扩大，一般直径2 ~ 4毫米，有的病斑呈圆形，中间颜色灰白色，边缘浅褐色，半透明，不穿孔，病健清楚，无黄色晕圈。以后观察，各种病斑未再明显变化。

（三）绿盲蝽

1.危害症状 冬枣发芽后绿盲蝽即开始上树危害，以若虫和成虫刺吸枣树的幼芽、嫩叶、花蕾及幼果的汁液。第一代主要危害幼芽、嫩叶，幼嫩组织被害后，先出现枯死小点，随后变黄枯萎，顶芽被害生长抑制，幼叶被害先呈现失绿斑点，随着叶片的伸展，小点逐渐变为不规则的孔洞、裂痕，叶片皱缩变黄，俗称"破叶疯"，被害枣吊不能正常伸展而呈弯曲状。绿盲蝽大发生时，常使冬枣不能正常发芽。第二代主要危害花蕾及幼果，花蕾受害后即停止发育而枯死脱落；重者其花蕾几乎全部脱落，整树无花可开。幼果被害出现黑色坏死斑，有的出现隆起的小疱，其果肉组织坏死，大部分受害果脱落，严重影响产量。

2.发生规律 绿盲蝽在鲁北地区1年发生4～5代，以卵在枣树多年生芽鳞内及树皮内越冬，枣树鳞内的越冬卵占总卵数的91%，其中以枣园内越冬卵最多；少数在枣园内、外地面双子叶作物（包括棉花）及杂草上越冬，越冬卵仅占总卵数的9%。一般地面杂草中的越冬卵孵化较早，在4月中旬杂草萌芽露绿时开始孵化；枣树芽鳞内的越冬卵孵化稍晚，在4月下旬枣树萌芽时开始孵化，先危害枣树的嫩叶和其他越冬植物的幼嫩梢、叶，随着地面越冬寄主的老化，大批2～3龄若虫迁移到枣树上危害幼嫩的梢叶。5月上中旬羽化为成虫，5月下旬进入羽化盛期。5月下旬后，随着新梢老化，成虫开始迁移到组织幼嫩的植物上危害并产卵。以后在园外寄主上危害，繁殖3～4代。最后1代于9月中旬开始羽化为成虫，10月上旬为羽化盛期，并开始转移到枣树上产卵，直至10月中旬死亡。产卵期20～30天，世代重叠。成虫寿命较长，20～60天。成虫飞翔力强，白天潜伏，稍受惊动便迅速迁飞，不易发现。清晨和夜晚迁飞到芽、嫩叶及幼果上刺吸汁液。

3.形态特征

（1）成虫。体长5毫米，宽2.2毫米，绿色，密被短毛。头部三角形，黄绿色，复眼黑色突出，无单眼，触角4节，丝状，较短，约为体长的2/3，第二节长等于第三、四节之和，向端部颜色渐深，第一节呈黄绿色，第四节呈黑褐色。前胸背板深绿色，布许多小黑点，前缘宽。小盾片三角形微凸，黄绿色，中央具一浅纵纹。前翅膜片半透明暗灰色，余绿色。足黄绿色，胫节末端、跗节色较深，后足腿节末端具褐色环斑，雌虫后足腿节较雄虫短，不超腹部末端，跗节3节，末端黑色。

（2）卵。长1毫米，黄绿色，长口袋形，卵盖奶黄色，中央凹陷，两端突起，边缘无附属物。

（3）若虫。5龄，与成虫相似。初孵时绿色，复眼桃红色。2龄黄褐色，3龄出现翅芽，4龄超过第一腹节，2龄、3龄、4龄触角端和足端黑褐色，5龄后全体鲜绿色，密被黑细毛；触角淡黄色，端部色渐深。眼灰色。

（四）枣瘿蚊

1.危害症状　以幼虫危害冬枣嫩芽、嫩叶、叶片、花蕾和幼果，嫩芽被害后，由绿色变为浅红色或紫红色，肿胀皱卷变为筒状。不能伸展，质硬而脆，常数十条幼虫潜伏其中危害，后期卷叶多为褐绿色，不久渐变黑枯萎，叶柄形成离层而脱落；嫩叶被害后，由于幼虫吸食表面汁液，并刺激叶肉组织，使受害叶沿叶面反卷呈筒状；花蕾被害后花萼膨大，不能开放；幼果受蛀后不久变黄脱落。枣苗和幼树因枝叶生长期长，为各代幼虫提供了丰富的食物，有利于世代繁殖，受害常

比大树严重。这种危害对枣苗、幼树的发育影响很大，造成生长势削弱，降低枣树观赏价值和产量。受害严重的小枣树或枣苗很难抽出新梢，生长发育受到严重影响。

2.发生规律　枣瘿蚊一年发生4 ~ 5代，以老熟幼虫在浅土层内作茧或化蛹越冬。茧、蛹多集中在浅土层中和草根、腐烂有机质处，少数在杂草、落叶、树皮内越冬。4月下旬越冬代蛹开始羽化，产卵于刚萌发的枣芽上，卵孵化高峰期出现在4月底至5月初。越冬代成虫于5月上旬开始产卵卷叶危害，嫩叶卷曲成筒状。第一代幼虫危害高峰期在5月上中旬，一个叶片有幼虫5 ~ 15头，被害叶枯黑脱落，老熟幼虫随枝叶落地化蛹。孵化高峰期在5月中下旬枣树始花期。幼虫孵化后，1龄幼虫分泌黏液于体后，2龄幼虫黏液包裹整个身体。幼虫经4次蜕皮后变成蛹，第一代幼虫期10 ~ 15天。第一代幼虫

6月初脱叶入土作茧化蛹，蛹期6 ~ 10天。6月上中旬羽化成虫，平均寿命1 ~ 3天，每雌虫产卵40 ~ 100粒不等。卵期3 ~ 6天。第一代卵产在未展新叶及幼芽缝隙内，以后各代卵产在幼芽缝隙、花序缝隙内，卵块状或线状排列。第一代卵期3 ~ 8天。一个世代平均19 ~ 22天。该虫可危害枣树的不同器官，因而各虫态的发生很不整齐，形成世代重叠。5月中旬至7月中旬发生第二代，6月中旬至8月中旬发生第三代，7月下旬开始发生第四代卵，8月下旬第四代幼虫老熟越冬，平均幼虫期和蛹期为10天。最后一代幼虫8月下旬至9月上旬入土作茧越冬。5 ~ 6月大量发生，危害最重。

成虫羽化后十分活跃。交尾后，雌虫以产卵器插入未展开的嫩叶缝隙产卵，每嫩叶连续产卵2 ~ 3次。幼虫孵化后即吸食汁液，叶片受刺激后沿中脉和叶面纵卷，幼虫藏于其中危害。幼虫老熟后，自受害卷叶内脱出落地入土化蛹。危害花蕾的幼虫在花蕾内化蛹，羽化时蛹壳多露在花蕾外面。危害幼果的幼虫在果内化蛹。老熟的末代幼虫于8月下旬开始陆续入土作茧越冬。一般幼树及低矮植株受害较重。成虫在低温时活动力差，一天内以中午温度高时最活跃，多在此时产卵。第二代以后成虫一部分将卵产在花序内危害花蕾，一部分幼虫吸食幼叶后造成叶片卷曲，并逐渐干枯。一片叶内常有5 ~ 20头幼虫群集危害，不转移到其他叶片，老熟幼虫化蛹前，一部分咬破叶片落入土中化蛹，一部分钻出叶片落入土中化蛹。

枣瘿蚊发生与天气关系密切。4月上中旬遇大风降温天气第一代幼虫发生量减少，发生高峰期推迟3天。根据调查，不同树龄、不同地区枣园、不同枣园面积，危害株率、单株危害都有所不同。枣园面积较大的受害重，零星栽植的受害轻；树龄较小的受害重，树龄大的受害较轻。一般情况下，幼树及低矮树受害较重。

3. **形态特征**

(1) 成虫。虫体似蚊，橙红色或灰褐色。雌虫体长1.4～2.0毫米，头、胸灰黄色，胸背隆起，黑褐色；复眼黑色，呈肾形；触角灰黑色，触角细长不及体长的一半，念珠状，上生长毛和环丝；雌虫腹部大，共8节，末端具有明显管状产卵器；前翅椭圆形透明，灰色，翅面布有黑色微毛，前缘毛短密，后缘毛疏长，翅脉3根，后翅转化成平衡棒。雄虫略小，体长1.1～1.3毫米，灰黄色，触角发达，各节呈瓶状，有细颈，膨大部分生有长毛和环丝两圈，长超过体长的一半，腹部细长。

(2) 卵。近圆锥形，长0.3毫米，半透明，初产卵白色，后呈红色，具光泽，常数十粒产于新芽间。

(3) 幼虫。蛆状，长1.5～3毫米，乳白色，胸部剑骨片黄褐色至暗褐色，腹端刚毛8根，表皮呈鳞片状波纹，有体节无足。

(4) 蛹。裸蛹，纺锤形，长1.5～2.0毫米，头、胸、足及翅芽灰褐色，腹部橘红色，头部有角刺1对。

(5) 茧。长椭圆形，长径2毫米，丝质，灰白色，胶质外黏土粒。

（五）枣尺蠖

1. 危害症状 枣尺蠖主要以幼虫危害枣叶。在枣树萌芽期，初孵幼虫取食嫩芽，展叶后，暴食叶片，吃成大小不一的缺刻。枣树现蕾后又转食花蕾。发生严重时，将全树绿色部分吃光，造成大量减产甚至绝收，且影响来年结果。

2. 发生规律 枣尺蠖1年1代，以蛹在寄主树根周围10厘米深处的土层中越冬，蛹在枣园内呈聚集分布，蛹期长达

10个月。

3月中下旬至4月下旬温度达到8℃时，成虫开始陆续羽化出土。据观察，在榆树上发生的枣尺蠖出土时间较枣树晚20～30天，出土时间雄成虫多在每天的13～16时，出土后爬到树干隐蔽处静伏；雌虫多在16～20时羽化，羽化后并不随即出土，仅头部露出地面，腹部仍在土内，22时羽化基本停止。10厘米深的土层地温在13.6℃时羽化量最多，小雨后天气转晴羽化偏多。产卵量一般为700～800粒，最多能达到1 500粒，同一卵块孵化整齐，最终孵化率达80%以上。

4月中旬卵孵化成幼虫危害，以5月上中旬危害最为严重，幼虫共有5龄。幼虫历期平均28.8天。初孵幼虫逸散性较强，可随风扩散到附近桑树上危害，而且具有较强的向上性。幼虫还有受惊吐丝不垂的习性，在爬行和危害过程中，不断吐丝缠绕芽叶，致使顶梢不能正常生长。

5月下旬至6月上旬化蛹越冬、越夏。

3. 形态特征

（1）成虫。雌雄异型。雄体长10～15毫米，翅展30～33毫米，灰褐色，触角橙褐色，羽状，前翅内、外线黑褐色波状，中线色淡不明显；后翅灰色，外线黑色波状。前后翅中室端均有黑灰色斑点1个。雌体长12～17毫米，被灰褐色鳞毛，无翅，头细小，触角丝状，足灰黑色，胫节有白色环纹5个，腹部锥形，尾端有黑色鳞毛1丛。

(2) 卵。椭圆形，光滑，具光泽，长0.95毫米。初淡绿色后变褐色。

(3) 幼虫。体长约45毫米，腹部灰绿色，有多条黑色纵线及灰黑色花纹，胸足3对，腹足1对，臀足1对。初龄幼虫黑色，服部具6个白环纹。

(4) 蛹。长10 ~ 15毫米，纺锤形，初绿色，后变黄色至红褐色，臀棘较尖，端分二叉，基部两侧各具一小突起。

(六) 枣龟蜡蚧

1. 危害症状 以成虫和若虫刺吸1 ~ 2年生枝条和叶片的汁液，使树势衰弱；另外，其排泄物布满全树枝叶，雨季易引起大量霉污菌寄生，使枝叶表层、果实表面布满黑霉，影响光合作用和果实生长，造成早期落叶、幼果脱落，从而使枣树减产，严重时可使枣树整枝或整株枯死。

2.发生规律 1年发生1代，已受精的雌虫在1～2年生枝条上固着越冬。翌年3～4月间，虫体继续发育，在枝条上取食危害，4月中下旬迅速膨大成熟。鲁北地区一般6月初开始在腹下产卵，气温23℃左右为产卵盛期，每虫可产卵1 200～2 000粒，产卵后母体收缩，干死在蜡壳内。卵期20～30天，自6月底至7月初开始孵化，7月中旬达孵化盛期，7月中下旬可全部孵化。孵化后，如遇高温干热天气，若虫出壳率低，大批若虫干死在母壳中；若遇多雨潮湿天气，则若虫出壳率高。若虫爬至叶片上，停留于叶脉两侧或在嫩枝上吸食汁液，未披蜡的若虫可借风传播，4～5天后产生白蜡壳，则固着不动。7月末雌雄性分化。8月上旬，雄虫在壳下化蛹，蛹期15～20天。8月下旬至9月上旬雄成虫羽化，9月中下旬为羽化盛期。雄成虫寿命3天左右，有多次交尾习性，交尾后死亡。雌虫在叶上危害一直持续到8月中下旬，9月上旬至10月上中旬大多数回到枝条固定越冬。雌虫喜在枝条或叶面上危害，雄虫喜在叶柄和叶背的叶脉上危害，严重时可布满叶面，危害期40～60天。幼虫危害期排泄黏液，引起霉病，使枝叶变黑，树势衰弱，影响产量。

3. 形态特征

(1) 成虫。雌成虫虫体呈扁椭圆形，近产卵时呈半球形，长2.2 ~ 4.0毫米，全体紫红色。触角鞭状，复眼黑色，口器为后口式，腹面平，头胸腹不明显，足3对细小，腹部末端有产卵孔。背部覆一层白色蜡质物，中央隆起，表面有龟甲状纹，所以称龟甲蜡蚧壳虫。蜡壳周围有8个小型突起，尾端有排泄孔。雄成虫淡红色，翅透明，具明显的两大主脉。

(2) 卵。椭圆形，长径0.2毫米，产于雌蚧壳虫体下。初产的卵橙黄色，半透明，近孵化时变成紫红色。

(3) 若虫。初孵若虫体较小，扁平，椭圆形，紫褐色，体背面生白色蜡状物，蜡壳周围有13个排列很均匀的蜡芒，呈星芒状，头部一个蜡芒较大，尾部的较小。若虫后期蜡壳加厚，雌雄出现形态上的区别。雄若虫蜡壳为长椭圆形，呈星芒状；雌若虫似雌成虫。

(4) 蛹。雄虫蛹裸露，短纺锤形，长1.2毫米，棕褐色，性刺呈笔尖状。雌虫无蛹期。

二、本阶段主要管理技术措施

1. 春季清园 彻底清理园田及周围环境的残枝落叶，尤其对枣园相邻的沟、渠、路及路边的杂草进行彻底清除，消灭绿盲蝽、红蜘蛛等适宜害虫滋生的条件。

2. 抹芽 从4月下旬开始，对萌发的新枣头，如不需要做延长枝和结果枝组培养，则都应将它从基部抹掉，越早越好。

3. 摘心 从5月中旬开始，除对留作培养主枝延长枝和侧枝的以外，对其余树枝，都要根据空间大小进行摘心。如有空间培养大型枝组的枣头，可在7 ~ 9节时摘心，其上面的二次枝在6 ~ 7节后摘心，如果空间小可再减少2 ~ 3节摘心。从5月下旬开始，当枣吊第9 ~ 10片叶展开后，将生长点摘除，该项措施能够促进坐果，具有显著的增产效应。

4. 疏枝 从5月中旬开始，对膛内过密的多年生枝条及骨干枝上萌生的幼龄枝条，凡位置不当影响通风透光、不作为更新枝利用的、在冬剪时没有疏掉的枝条及时疏除。

5. 拉枝 从5月中旬开始，对生长直立和摘心后的枣头，用绳子将其拉成水平状态，抑制枝条顶端生长素的形成，控制枝条再次生长，以积累养分，促进花芽分化，提高开花结实率。

6. 涂抹黏虫胶环 根据害虫越冬出蛰后向树上转移危害的习性，可在此虫出蛰前于主枝上涂黏虫胶环（黏虫胶使用方法：在冬枣萌芽前刮除老树皮，将黏虫胶在树干上涂成一闭合胶环，宽度一般2 ~ 3厘米。若虫口密度很高时，可适当涂宽、涂厚，也可连涂2次或涂2个胶环）。

使用时的注意事项：防止枯枝落叶和尘土等粘在胶环上，降低胶环的黏着面积，影响防治效果。避免搭桥，避免下垂枝条接触地面或地表植被，或者有支撑枝条的竹竿、木杆等形成连接地面和树冠的“桥梁”，造成害虫间接爬行上树，降低黏虫胶环的防治效果。胶环上粘满害虫时，及时清除胶上害虫或另行涂抹新胶环。当胶环上粘满幼虫时，可刮除幼虫露出黏性胶面继续防治；当粘满成虫时，可以保留成虫虫体，利用害虫自身信息素诱杀更多成虫。当树皮十分粗糙、老皮裂缝较深时，需要将涂胶环部位的老皮刮除，以防害虫从裂缝处钻过，影响控制效果。应阻止其上树危害，达到保护枣树的目的。

7. 化学防治 防治虫害可用70%吡虫啉水分散粒剂7 000 ~ 10 000倍液、25%噻虫嗪水分散粒剂4 000 ~ 5 000倍液或30%阿维菌素·螺螨酯悬浮剂6 000 ~ 8 000倍液兑水均匀喷雾；防治病害可用430克/升戊唑醇悬浮剂2 000 ~ 3 000倍液、250克/升丙环唑乳油1 500 ~ 3 000倍液兑水均匀喷雾。视病虫害发生情况，每隔5 ~ 7天防治一次，杀虫剂和杀菌剂视情况可以混合使用。

第三章

开花坐果期主要病虫害防控技术

防控时期：6月上中旬。

防控任务：运用各项措施，确保冬枣坐果，为后期高产奠定基础。

主要防控目标：灰暗斑螟、绿盲蝽、黑斑病、细菌性病害等。

兼治对象：叶螨、枣粉蚧、枣黏虫、枣刺蛾、炭疽、锈病等。

一、主要病虫害

（一）冬枣黑斑病

1. 危害症状 冬枣黑斑病主要危害叶片和果实。枣叶感病初期失绿，后产生浅褐色小斑点，并逐渐扩大成不规则褐色病斑。当斑点连接成片，叶片变黄卷曲，提早落叶。枣果坐果初期病斑为浅褐色针头状麻点，随着枣果的膨大，病斑也逐渐扩大，成为圆形或椭圆形的黑色凹陷病斑，边缘清晰。一个枣果上的病斑少者1～3个，最多可达十几个。80%以上病斑直径在2～5毫米，最大可达13毫米。病皮下果肉呈浅黄色，味苦。

2. 病原 病原为*Alternaria tenuissima* (Fr.)Wiltshire，称为细极链格孢，为半知菌亚门真菌。菌落初为无色或淡色，后为浅褐色，正面墨绿色、背面黑色。菌丝有隔，多分枝。分

生孢子梗分枝或不分枝，浅褐色，屈膝状，单生，合轴式延伸，2 ~ 3个隔膜，长度为（29.8 ~ 36.4）微米 ×（4.0 ~ 4.6）微米。分生孢子常聚为带有分枝的长链状，一般6 ~ 12个串生。分生孢子倒棒形或卵圆形，淡褐色至褐色，平滑，少数有小细点，具有纵隔膜1 ~ 2个、横隔膜3 ~ 4个，大小为（19.2 ~ 47.5）微米 ×（9.5 ~ 10.7）微米。分生孢子常有喙，喙较直，不分枝，无隔膜，大小为（4.1 ~ 5.0）微米 ×（2.8 ~ 3.0）微米。

3. 发病规律　病菌以菌丝体的形式在芽鳞和皮痕内越冬，菌丝体萌发产生分生孢子为黑斑病的初次侵染来源。该病发生的适宜条件为低温高湿，温度在20 ~ 26℃、相对湿度在75%

以上时有利于其发病，分生孢子易萌发，借空气、雨水等传播，可于当年侵染。发病主要与树势、树龄、种植密度等条件有关，枣树开甲后愈合差或当年未愈合的植株，长势较差，黑斑病发生严重，甚至可导致整个植株死亡；树龄4年以下枣树发病轻，树龄5年以上结果枣树发病重；枣园中或枣园附近间作花生，枣果黑斑病发病率高，因花生黑斑病病原和冬枣黑斑病是同一种病原菌，二者间可互相感染；刺吸式昆虫绿盲蝽、叶蝉等危害枣果，造成伤口，给病原菌侵染提供了有利条件，有利于病害发生。

（二）灰暗斑螟

1.危害症状　灰暗斑螟以幼虫危害枣树甲口和其他伤口。枣树开甲后，该虫在甲口处选一适当部位蛀入危害。首先沿甲口取食愈伤组织，排出褐色粪粒，并吐丝缠绕。当幼虫取食甲口愈伤组织一部分或1周后，便沿韧皮部向上取食危害。连续危害则造成甲口不能完全愈合或断离。甲口部分被害后，树势明显减弱，树上出现枯枝，产量和质量显著降低；甲口完全被害后，造成甲口断离，树势急剧衰弱，1～2年后便整株死亡。

2.发生规律　灰暗斑螟1年发生4～5代，以第四代幼虫和第五代幼虫为主交替越冬，有世代重叠现象。该虫以幼虫在危害处附近越冬，翌年3月下旬开始活动，4月初开始化蛹，越冬代成虫4月底开始羽化，5月上旬出现第一代卵和幼虫，第一、二代幼虫危害枣树甲口最重。第四代部分老熟幼虫不化蛹，于9月下旬以后结茧越冬。第五代幼虫于11月中旬进入越冬。成虫昼夜均可羽化，以19～21时羽化量最大，占日羽化量的74.61%。雄虫先羽化。成虫有弱趋光性。成虫寿命4.5～26天，平均15.4天。夜间交配产卵。羽化后隔1～10天(多数隔1～3天)交配。交配在午夜后进行，历时3～14

小时，羽化当天不交配，个别雄虫有2次交配现象。交配后多在第二天产卵，连续产卵4 ~ 9天，少数间断1 ~ 2天。卵散产在甲口或伤口附近粗皮裂缝中。每头雌虫产卵10 ~ 216粒，平均65粒。孤雌产卵不能孵化。初产卵为乳白色，1 ~ 2天后变红，近孵化时变为黑红色。卵孵化率为90.0%。卵多在夜间孵化，占孵化量的77.0%。幼虫期是该虫唯一的危害阶段。幼虫孵化后，即分散取食。幼虫密度大时或缺少食物时，有相互残食现象，尤其是老熟结茧后的幼虫更易被残食。幼虫食量较小，无转株危害现象。第四代部分5龄幼虫(另一部分以6龄幼虫)进入越冬。幼虫老熟后，在危害部附近选一干燥隐蔽处，结白茧化蛹。

3. 形态特征

(1) 成虫。体长6.0 ~ 8.0毫米，翅展13.0 ~ 17.5毫米，全体灰色至黑灰色。下唇须灰色、上翘，触角丝状，暗灰色，长度约为前翅的2/3。复眼暗灰色。胸部背面暗灰色，腹面灰色，腹部灰色。前翅暗灰色至黑灰色，有两条镶有黑灰色宽边的白色波状横线，缘毛暗灰色。后翅浅灰色，外缘色稍深，缘毛浅灰色。

（2）卵。椭圆形，长0.50 ~ 0.55毫米，宽0.35 ~ 0.40毫米。初产卵乳白色，中期为红色，近孵化时变为暗红色至黑红色，卵面具蜂窝状网纹。

（3）幼虫。初孵幼虫头浅褐色，体乳白色。老龄幼虫体长10 ~ 16毫米，灰褐色，略扁。头褐色。前胸背板黑褐色，臀板暗褐色。腹足5对，第3 ~ 6节腹足趾钩双序全环，趾钩26 ~ 28枚。臀足趾钩双序中带，趾钩16 ~ 17枚。

（4）蛹。体长5.5 ~ 8.0毫米，胸宽1.3 ~ 1.7毫米。初期为淡黄色，中期为褐色，羽化前为黑色。

（三）康氏粉蚧

1. 危害症状 以若虫吸附于枣树新生枝上吸食汁液危害，也刺吸叶片。叶片受害后叶色变淡，叶肉变薄，严重时脱落。枝条受害后，生长缓慢，坐果减少。严重时导致绝产，甚至全树枯死。

2. 发生规律 每年发生3代。以若虫在枣树的主干、主枝皮缝内越冬。翌年4月枣树发芽时，越冬若虫群集于枣股芽上刺吸危害。第一代康氏粉蚧发生期在5月下旬至7月下旬，

若虫孵化盛期为6月上旬。第二代发生期为7月上旬至9月上旬，若虫孵化盛期为7月中下旬。第三代康氏粉蚧8月下旬发生，若虫孵化盛期在9月上旬，此代在枣树上危害时间不长即进入树皮缝内越冬。每年的6～8月是康氏粉蚧的1～2代若虫危害最严重时期，每年7月进入雨季后，康氏粉蚧的虫口密度由于受雨水的冲刷而降低。受害后的枣树，枣芽因被吸取汁液造成生长不良，此后康氏粉蚧分泌的黏性物、排泄物黏附叶片，造成叶面发黑，产生霉污，影响光合作用，引起严重的落叶，枣果受污染表面发黏发黑。同时，枣果被爬行刺吸后也易产生缩果病、浆烂枣，严重影响果品质量。

3. 形态特征

（1）成虫。雌成虫体长4.5毫米，椭圆形、体柔软；背面鼓起，灰色，覆蜡粉，体节侧缘蜡粉稍突出；触角黄褐色，9节，着生细长毛；单眼黑色；腹面土黄色；有前后背裂；足黄褐色，跗节1节，爪下有1个不太明显的小齿；刺孔群沿体侧共16对，每刺孔群有镰状刺2根；肛环上有圆形孔、卵圆形孔和6根刺毛；臀板突起，其上着生1根长刺、4根短刺。雄成虫体长1.5毫米，灰褐色，有双翅，腹端着生2对白蜡丝，中间两根为体长的2倍；触角9节，超过体长的1/2，其上着生细长毛。

（2）卵。圆形，黄色，藏于白色蜡丝组成的卵囊中。

（3）若虫。体椭圆形，似雌成虫，分节明显。初孵化若虫无蜡粉堆，固定取食后体背及体周开始分泌白色蜡质物，并逐渐增厚。

二、本阶段主要管理技术措施

1.开甲 即环状剥皮，主要起养分截留的作用，使光合产物一定时期内集中以满足冬枣开花结果对养分的需求，从而减少落花落果，提高冬枣产量和品质。

根据经验，开甲须“三看”：一看天，开甲须在晴天进行，最好开甲3天不要遇雨；开甲后若遇阴雨天气，甲口易霉烂，而且由于气温降低，不易坐果。二看地，主要看枣园土壤状况（肥力、墒情）等，高肥水枣园，土壤肥沃、墒情好，当年可适当晚开甲且甲口适当宽一点；反之，则适当早开甲且甲口窄一点。三看树，主要根据树龄、树势、生育期确定开甲的时期和宽度，幼龄树（树龄在3年及以下）不宜过早开甲，间作稀植枣园一般在枣树进入盛果初期、树干直径约在10厘米以上时开甲为宜；密植枣园、高肥水管理条件下可适当早开甲；树龄3年以上长势旺盛的枣树、树干直径在5厘米以上时可进行开甲。

开甲的适宜时期是盛花初期，即全树上下、内外大部分枣吊已开花5～8朵时，正值花质最好的“头蓬花”盛开之际。“头蓬花”生长期长，个大整齐，成熟一致，品质最佳。

一般幼龄树和长势旺盛树比大龄树（树龄在3年以上）、衰弱树开花早，宜先开甲。

幼龄树或衰弱树开甲，要留辅养枝。初次开甲，主干上的甲口一般距离地面20厘米左右，以后逐年向上移3～5厘米，开甲到树干分枝处，再从下而上重复进行。

甲口应避开树皮疱斑病发生位置，有利于甲口愈合。要选择平整光滑处，先用刀在该处刮掉一圈宽1～2厘米的老树皮，深度以露出活树皮为宜。然后，用开甲器具按要求的甲口宽度上下环切两刀，深达木质部，取下切断的韧皮组织，甲口要取干净，不留残皮，不起毛茬。甲口宽度一般为干径的1/10左右，即0.3～0.8厘米，最大不超1厘米，具体要因树而异，对于大龄树和长势旺盛树可稍宽，而对幼龄树和衰弱树则窄一些。

开甲后要及时进行药剂保护，预防病虫危害。

对于不适宜开甲的结果幼龄树或衰弱树可采取环割或绞缢，环割或绞缢都能暂时阻碍营养向地下根部运输，促进坐果。环割是在枝、干或枣头下部用刀割韧皮部，深达木质部1～2圈，将形成层割断为准，不伤木质部。绞缢又称勒伤和环缢。用铁丝在枝、干或枣头下部拧紧拉伤韧皮部1圈，20天以后解除。

2. 及时追肥、浇水 冬枣花期是对肥水需求最敏感时期，缺肥、干旱或发生涝害都不利于坐果。一般于6月上旬每株追施尿素和磷酸二铵0.3～0.5千克，如果缺雨应适当浇水，但不要大水漫灌。在及时进行花期追肥、浇水的基础上，还要适当进行叶面施肥和喷水，即从盛花初期开始每隔7～10天喷一次0.3%～0.5%尿素和磷酸二氢钾混合液或0.1%～0.2%活力硼，有利于坐果。7月上旬再追施尿素和磷酸二铵每株0.2～0.4千克加上98%磷酸二氢钾0.1千克，有利于保果。

3. 枣园放蜂 于初花期将蜂箱均匀分散在枣园内，间距以700～1 000米为宜。冬枣为典型的虫媒花，花期放蜂，增加授粉媒介，能使枣花充分授粉，可明显提高坐果率。若无条件放蜂，花期应避免或选择使用杀虫剂，尽量保护有益昆虫。

4. 适时防治病虫害 花期不宜大量使用农药，坐果盛期一周左右应避免施药。针对有些病原菌花期侵染的特点，应选用保护性药剂及时进行预防，重点防治黑斑病、细菌性疮痂病等病害。

5. 化学防治 防治虫害：70%吡虫啉水分散粒剂7 500 ~ 10 000倍液、40%啶虫脒水分散粒剂5 000 ~ 8 000倍液、25%噻虫嗪水分散粒剂4 000 ~ 5 000倍液、0.5%甲氨基阿维菌素苯甲酸盐微乳剂1 000 ~ 1 500倍液、5%阿维菌素水乳剂8 000 ~ 10 000倍液。防治病害：40%苯醚甲环唑·嘧菌酯悬浮剂（15 ： 25），兑水1 500 ~ 2 500倍均匀喷雾。

第四章

幼果期主要病虫害防控技术

防控时期：6月下旬至7月上旬。

防控任务：确保前期坐的果不脱落，促进果实快速膨大。

主要防控目标：红蜘蛛、锈病、黑斑病。

兼治对象：绿盲蝽、棉铃虫、锈壁虱、炭疽等。

一、主要病虫害

（一）冬枣锈病

1.危害症状 主要危害叶片，发病时先在叶背散生绿色小斑点，后逐渐突起，呈黄褐色，直径0.5毫米左右，此即病菌的夏孢子堆。以后病斑表皮破裂，散出黄色粉状物，此为病菌的夏孢子。在叶正面与夏孢子堆相对应处，产生绿色小斑点，边缘不规则，使叶面呈花叶状。病叶渐变灰黄色，最后失去光泽，干枯脱落。落叶先自树冠下部开始，逐渐向上部发展。严重时，整株叶片全部脱落，严重影响果实的成熟。在落叶上有时也发生冬孢子堆，黑褐色，稍突起，但不突破表皮。

2.病原 病原为枣层锈菌*Phakopsora ziziphi-vulgaris* (P.Henn) Diet，属于担子菌亚门。只发现有夏孢子堆和冬孢子堆两个阶段。夏孢子球形、卵圆形或椭圆形，表面密生短刺，单胞，淡黄色至黄褐色，大小为（13～24）微米×（13～18）微米。冬孢子在表皮下互相结合成多层，单胞，长椭圆形或

多角形，壁光滑，顶端壁厚，上部栗褐色，下部色淡，大小（8～20）微米×（6～20）微米。夏孢子在水滴中不易萌发，在保湿的水洋菜培养基表面，可提高萌发率，产生1～2个芽管。

3. 发病规律 病原菌在落叶或芽里越冬。翌年6月中旬产生锈孢子，依靠风雨传播。病害于7月中旬前后开始发生，先从树冠下部开始，逐渐向上蔓延，8月中旬为发生盛期。在高温、多雨和多雾的天气，有利于病害发生和流行。凡是地势低洼、行间种植高秆作物、枣树密，发病早且重；山区、岗地、枣林稀疏、干燥的地区，危害较轻。此病在个别大发生年份，常造成大量落叶、落果，甚至绝收。

（二）枣锈壁虱

1. 危害症状 主要危害枣头、枣吊、叶片、枣果等绿色幼嫩部位。所以，幼树及根蘖苗受害较重。严重受害后引起大量早期落叶、落果，枣头顶端、芽、叶、枝都枯死；树冠不能扩大。嫩叶受害时，初出现淡黄色、明显发亮、边缘不整齐的斑点，逐渐变厚而脆，且停止生长，由于未受害处组织继续生长，使叶片呈皱缩或扭曲状，叶片比正常的狭小；老叶被害时，开始出现鲜黄色、不规则的斑块，黄绿相同呈花叶状，渐变为铁锈色的焦枯斑；严重受害后期大都焦枯，枯斑有的脱落呈穿孔。花蕾被害，多在蕾的凹处和花的中心，使蕾、花变褐、干枯脱落。果实被害，初呈银灰色斑块，渐变为铁锈色斑，严重受害变褐，凋萎脱落。受害轻者比正常果小，果面凹凸不平，成熟后突起部位变红，凹下去部位表面不着色，呈凹凸不平、红绿相间的花脸形枣，果肉食味不甜且发木，易早落。枣头被害最重，大都形成扁平枝，中部稍凹下去，使两面各形成一条纵沟，虫体多在此危害，特别是枣头的生长点，虫口最集中，致使其生长停止一般不能抽生二次枝，被害处表面细胞组织失绿渐渐坏死，粗糙萎缩，最后全部枯死。枣吊初被害时略有突起组织，渐变褐色。

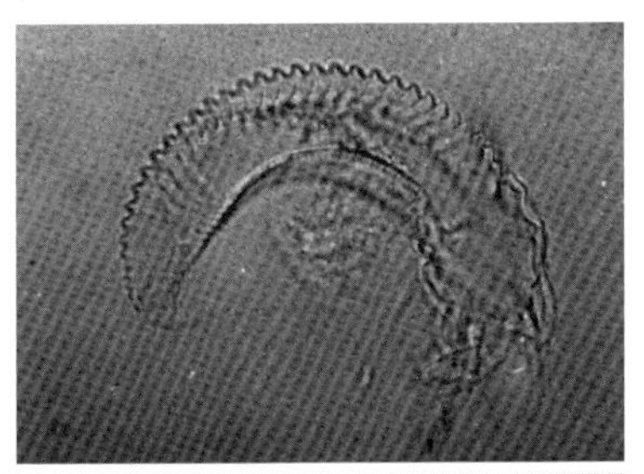

2.发生规律 据观察在田间自然条件下，一年发生3～4代，世代不整齐。以成螨在枣股的芽鳞内越

冬。翌年4月下旬当气温上升到12℃以上、相对湿度27%以上即枣树刚刚发芽时，就开始出蛰活动，危害嫩芽，展叶后多群居叶基部叶脉两侧的正反面刺吸汁液。很快分散到整个叶片、枣头及枣吊等绿色幼嫩部位危害。5月中旬开始产卵，散产在叶正反面及枣头表面。5月下旬卵量最多并伴有若螨出现，至6月上旬当平均气温20℃左右、相对湿度56%，虫口密度急剧上升，进入全年危害盛期，受害严重的叶片可达数百头之多。特别是枣头顶端生长点密布螨体。6月下旬又有卵和若螨发生。此时多在枣果梗洼、果肩部位危害。直到7月中旬，平均气温达24℃以上、相对湿度8%左右，又有卵和若螨出现。形成第三个危害高峰。至8月上中旬气温平均20℃左右、相对湿度75%左右时，虫口密度大幅度下降。已陆续转向枣股芽鳞内开始休眠，直至9月中下旬全部到达枣股芽鳞内进入休眠状态。

锈壁虱的消长规律与当地气温、降水量有密切关系，一般在6～8月降水量少、气候干旱时发生严重。

3.形态特征

（1）成螨。雌螨体长一般0.3～0.4毫米，体宽0.1～0.11毫米。初为白色，渐变为淡褐色。喙钳状，刺吸式，向下弯曲，突出头部。头两侧有软足各一对，透明且分节，伸向头的前方。每对足前肢长、后肢短，每肢足前端有爪4个，其中一个呈羽状。前部体段背板呈三角形，其上网纹带有颗粒组成线条。前瓣盖住喙部，身上有很多明显突起的环节，50多节。周身有数根刚毛，指向后方，生殖孔位于胸部腹面足基后部。腹面环皱带有许多微瘤。腹面有一吸盘，背面两侧各有一根刺状尾须向后两侧弯曲。

（2）若螨。体形与成螨相似，略小，初孵化时白色，半透明。

（3）卵。圆球形，直径一般79～97微米，表面光滑、透明，有网状花纹。在产卵期，可在雌螨腹面(在800倍显微镜下)看到生殖孔近处由大到小的3个卵。卵渐变为微黄色。

二、本阶段主要管理技术措施

1.植草或覆草 覆草就是在枣树株、行间覆盖秸秆或枯草，覆草厚度15 ~ 20厘米，然后上面盖一层土。注意：树干周围20厘米内不覆草。在枣树行间种植紫花苜蓿、三叶草等豆科植物，适时耕翻埋于土壤中作绿肥；也可种植高羊茅等禾本科草种，调节枣园生态小气候，培养生物多样性，以保护利用天敌。

2.疏花疏果 在确保坐果的前提下，对花果量过多的枣树，尤其是密植园，通过疏花疏果，使负载适宜、布局合理。使用化学药剂疏花疏果应在盛花末期（6月下旬）进行，要选准药剂并严格掌握剂量，必要时进行试验。

人工疏果，可在第一次生理落果高峰过后1 ~ 2周进行。对疏果的要求可按树势定果，一般长势旺盛树1个枣吊留1个果，中等树每2个枣吊留1个果，衰弱树每3个枣吊留1个果。具体步骤为先上后下、先里后外、从大枝到小枝，逐枝进行。先疏病虫果、黄萎果和畸形果；后疏密果、无叶果和小果。对一个枣吊来说，先留中部果。

3.夏剪 剪除二次枝条，调节生理结构。

4.化学防治 杀虫剂可选用40%啶虫脒水分散粒剂5 000 ~ 8 000倍液、5%阿维菌素微乳剂8 000 ~ 10 000倍液、30%阿维菌素·螺螨酯悬浮剂6 000 ~ 8 000倍液兑水均匀喷雾；40%苯醚甲环唑·嘧菌酯悬浮剂（15 ∶ 25）1 500 ~ 2 500倍液、40%苯醚甲环唑·咪鲜胺水乳剂（10 ∶ 30）2 000 ~ 2 500倍液、430克/升戊唑醇悬浮剂。

第五章

果实膨大期主要病虫害防控技术

防控时期：7月中旬至9月上旬。

防控任务：促进甲口愈合，加强肥水管理增强树势，做好病虫防治。

主要防控目标：黑斑病、锈病、轮纹病、红蜘蛛。

兼治对象：锈壁虱、枣刺蛾、缩果病、浆烂果病、炭疽等。

一、主要病害

（一）冬枣炭疽

1.危害症状 主要危害果实，也能危害枣头、枣叶、枣吊和枣股。叶片受害后变黄绿色、早落，有的呈黑褐色、焦枯状悬挂在枝条上。病果发生部位一般在果肩或腰部，最初出现淡黄色水渍状斑点，以后逐渐扩大成不规则黄褐色斑点，中间产生圆形凹陷病斑，病斑扩大后连片呈红褐色，最后果实提早脱落。病果着色早，在潮湿条件下，病斑上能长出许多黄褐色小突起及粉红色黏性物质，即为病原菌的分生孢子盘和分生孢子团。对早落的病果进行解剖发现，部分枣果由果柄向果核处呈漏斗状，果肉变褐、果核变黑，重病果晒干后，只剩下枣核和丝状物连接果皮。病果含糖量低、味苦、品质差，不堪食用。多数炭疽果并不脱落，但若在染有缩果病的枣果上侵染时会造成严重的落果现象。枣头、枣吊、枣股受

侵染后不发病，病原菌以潜伏状态存在。但经离体保湿培养后，均能长出粉红色黏液状的分生孢子团。

2.病原 病原为*Colletotrichum gloeosporioides* Penz，称为刺盘胶孢炭疽菌，属半知菌亚门真菌。病原菌的菌丝体在果肉内生长旺盛，有分枝和隔膜，无色或淡褐色，直径3～4微米；分生孢子盘位于表皮下，大小为（142～213）微米×350微米，由疏丝状菌丝细胞组成，其分生孢子盘上具有束状黑褐刚毛，刚毛长29.2～116.6微米，宽2.7～5.3微米，无分隔或有1个分隔，分生孢子梗着生在分生孢子盘的顶部，短棒形，无色，单胞，长15～30微米，宽3.5～4.8微米。分生孢子长圆形或圆筒形，无色，单胞，长13.5～17.7微米，宽4.3～6.7微米，中央有1个油球或两端各1个油球。

3.发生规律 冬枣炭疽病菌以菌丝体潜伏于枣头、枣吊、枣股及病果、僵果内越冬。翌年分生孢子借风雨（因病菌分生孢子团具有水溶性胶状物质，不能通过空气传播，需要雨、露、雾中的水溶化才能传播）从自然孔口、伤口或直接穿透表皮侵入。刺吸式口器的害虫如蚜虫、绿盲蝽等在危害枣果的过程中即可传播病害。冬枣炭疽一般在枣树开花时即开始侵染，但当时多不发病，待到果实快成熟时或采收期才出现病症。病菌在田间有明显的潜伏侵染现象，其潜伏期的长短与气候条件和树势强弱有密切的关系。一般来说，当地降雨早且连阴雨天数长时（田间空气相对湿度达到90%以上），发病时间就早且重，降雨晚就发病晚，在干旱年份发病轻或不发病；管理水平高、树势健壮的枣树则发病轻，反之则发病重。严重者，则绝收。

（二）冬枣轮纹病

1.危害症状 主要危害果实和枝干，对叶片危害较少。果实受害，在成熟期或储藏期，以皮孔为中心，生成水渍状褐色小斑点，很快形成同心轮纹状，并向四周扩大，呈淡褐色或褐色，整个果实软腐。后期在表面形成许多黑色小粒点，即分生孢子器。烂果多汁，有酸臭味。叶片受害，产生近圆形同心轮纹状褐色或不规则褐色病斑，大小5 ~ 15毫米，渐变为灰白色，并生小黑点。病斑多时，叶片干枯早落。枝干受害，在皮孔上形成圆形或扁圆形的瘤状物，直径3 ~ 30毫米，红褐色，坚硬，边缘龟裂，与健康组织形成一道环沟。翌年病斑中间生黑色小粒点即分生孢子器。严重时，病组织翘起如马鞍状，许多病斑连在一起，使表皮粗糙。

2.病原 病原为*Macrophoma kuwatsukaii* Hara，称为轮纹大茎点菌。菌丝无色，分隔，宽2.5微米。分生孢子器扁圆形或椭圆形，具乳头状孔口，直径356 ~ 420微米，分生孢子梗棍棒状，单胞，大小（16.5 ~ 23.6）微米×(2.2 ~ 4.3）微米，顶端着生分生孢子。分生孢子单胞，无色，纺锤形或长椭圆形，大小（22.3 ~ 28.6）微米×(5.1 ~ 7.6）微米。有性阶段：子囊壳在寄主皮下产生，黑褐色，球形或扁球形，具孔口，大小（165.6 ~ 298.2）微米×（213.8 ~ 306.4）微米，内有许多子囊藏于侧丝之间。子囊长棍棒状，无色，顶端膨大，大小（103.2 ~ 117.3）微米×（16.6 ~ 21.3）微米。子囊内有8个子囊孢子。双列或斜列交叠于子囊中。子囊孢子单胞，无色，椭圆形，大小（22.8 ~ 24.1）微米×（9.2 ~ 10.3）微米。

病原菌在pH 2 ~ 10的范围内均可生长，pH在中性偏碱的条件下，病原菌生长最好；温度对病原菌的生长产生较大的影响，病原菌在15 ~ 35℃的范围内均可生长，最适温度为25 ~ 30℃。

3.发生规律 病菌以菌丝、分生孢子器及子囊壳在被害枝干越冬。菌丝在病枝干组织中可存活4 ~ 5年，每年4 ~ 6月产生孢子，成为初次侵染来源。7 ~ 8月孢子散发较多。4 ~ 7月侵染量最多，7月以后孢子散生量降低。孢子萌发经皮侵入果实和枝干，24小时可完成侵染。枝干上一般从8月中下旬开始，以皮孔为中心形成新病斑，发病部位以枝干背面较多，新病斑当年不产生分生孢子器，第2 ~ 3年才大量产生分生孢子器和分生孢子。

气温高于20℃、相对湿度高于75%，或连续降雨、雨量达10毫米以上时，发病严重。果树生长前期，降雨提前、次数多、雨量大，侵染严重；若果实成熟期再遇上高温干旱，则受害更重。

冬枣轮纹病发病期集中在果实接近成熟以后，采收期和储藏期发病最多。一般早熟品种正常采收前30天左右、晚熟品种采收前50～60天开始发病；发病高峰在采收后10～20天。储藏期是重要的发病时期，但储藏期不能发生侵染，发病果实均为田间侵染所致。果实从幼果期至成熟期均可被侵染，以幼果期为主，在近成熟期或储藏期发病。管理粗放、偏施氮肥、树势衰弱、黏重壤土、偏酸性土壤易感病；害虫严重危害的枝干或果实发病重；水平生长的枝条腹面病斑多于背面，直立生长的枝条阴面病斑多于阳面。

（三）冬枣褐斑病

1.危害症状 又叫冬枣黑腐病，主要危害枣果，一般在8～9月枣果膨大并着色时大量发病，先是在肩部或胴部形成浅黄色不规则变色斑，边缘较清晰，以后逐渐扩大，病部稍有凹陷或皱褶，颜色也随之加深，由黄褐色变为红褐色。病部果肉初为浅土黄色，后变灰黑色，严重时大片直至整个果肉变黄褐色和黑褐色。病组织呈海绵状坏死，味苦，不堪食用。病果出现症状后一般2～7天即脱落。接近成熟期的病果，病斑为紫红色，果肉呈软腐状，部位无规律，成熟前脱落。病果后期，果皮下出现许多小黑点，后突起，为病菌的子座，果肉呈灰黑色。越冬后整个果肉呈木炭状。

2.病原 病原为*Dothiorella gregaria* Sacc.，称为小穴壳菌，属半知菌亚门真菌。子囊壳埋生于子座内，子座埋生在表皮下后突破表皮外露，黑色，近圆形，子座单生，直径200～400微米，集生为2 000～7 000微米。子囊棒形，有短柄，壁双层透明，顶壁稍厚，易消解，大小（49.0～68.0）微米×（11.0～21.3）微米。内含孢子8个，中部成双行斜列，下为单列。子囊间有假侧丝，子囊孢子单细胞，无色，倒卵形或椭圆形，大小（15.0 ~ 19.4）微米 ×（7.0 ~ 11.4）微米。分生孢子器球形，暗褐色，单生或聚生于子座内，大小为（97 ~ 233.0）微米 ×（97 ~ 184.3）微米。分生孢子梗短，不分枝。分生孢子单胞，梭形，无色，大小为（19.4 ~ 29.1）微米 ×（5.0 ~ 7.0）微米。

3. 发生规律 病菌以分生孢子器和分生孢子在落地病僵果和干枯枝上越冬，其中落地病果为病原菌主要越冬场所，越冬病菌的初侵染时期在6月底至7月初，即幼果期。越冬病菌自6月底至9月中旬均可侵染枣果，7月下旬至8月中旬为侵染盛期。主要发生在树势衰弱株和历史重病株上。7 ~ 8月阴雨天多（相对湿度大）、降水量大，则发病重；反之，则发病轻。多年生枝生长势较弱，枣果发育成熟度较高，故发病重；一、二年生枝长势较强，枣果发育成熟度较低，故发病轻。虫害防治好的枣园发病较轻，未防治虫害的枣园发病重，这与害虫在果上危害后造成伤口，有利于病菌侵入有关。

二、本阶段主要管理技术措施

1. 促进甲口适时愈合 冬枣开甲后树势将逐渐转弱，如果甲口超过1个月还不愈合，对幼果发育不利，而且有利于病害发生，必须采取针对措施促壮树势。首先要促使甲口愈合，甲口过大或有病死组织时，要先切除病死组织，进行再创愈合，并在甲口涂抹30 ~ 50毫克（有效成分）/千克赤霉素，然后立即用红泥封口或用塑料胶带封口。用胶带封口时，要注意预防甲口霉烂。对于长期不能完全愈合的老甲口，可进行桥接处理，促使愈合。

2. 加强肥水管理 根据土壤墒情决定是否浇水，同时要进行叶面喷肥，弥补根系供肥不足，适当提高磷、钾肥含量。

雨季要及时排水，一般采取沟排，避免地表径流。即在枣园内或四周顺地势挖排水沟，把多余水量顺沟排出枣园。沟排对盐碱地最适宜，既可降低地下水位，又可淋析盐碱。在园内挖沟要避免大量伤根。

3. 拉枝、吊枝 调节通风透光情况，改善冬枣品质。

4. 加强病虫害防治 此生育期是冬枣各种病害的高发时期，必须做好防治工作，尤其做好预防工作，防止病害的侵染发生，发现病虫害及时防治。及时摘除病果、虫果，防除杂草，减少再次侵染来源。

受降水等气象因素影响，不同年度和枣园间病虫害发生种类和程度不同，如阴雨天较多的年份，往往病害发生重，虫害发生轻；反之，则病害轻而虫害重。因此，应因地、因时制宜，选择适宜药剂，对症下药。特别是对病害防治，要看天施药，科学防治。雨前宜用保护性药剂，雨后则应使用治疗性药剂；长时间晴天，则用药间隔可适当延长；而阴雨天较多的年份，则适当增加用药次数，抓住雨后间隙进行喷药或补喷。

5. 化学防治 450克/升咪鲜胺水乳剂1 000 ~ 1 500倍液、40%苯醚甲环唑·嘧菌酯（15 ∶ 25）悬浮剂1 500 ~ 2 500倍液，70%吡虫啉水分散粒剂7 500 ~ 10 000倍液、0.5%甲氨基阿维菌素微乳剂1 000 ~ 1 500倍液，兑水15千克喷雾。

第六章

果实成熟期主要病虫害防控技术

防控时期：9月上旬。

防控任务：提高果实品质和耐储性，防止烂果。

主要防控目标：轮纹病、炭疽、缩果病、青斑病。

本阶段主要管理技术措施：

1. 及时中耕，松土，撑枝 对枣园及时进行中耕松土、除杂草，使枣园土壤保持良好的通气状况，增强根系吸收水分和矿物质元素的能力。部分枣树结果数量过多，撑枝可防止枣树负载过重，避免压断树枝。

2. 加强肥水管理 应该保证水分的充足，及时补充枣果正常生长所需的各种营养元素。

3. 适时采收 果实进入脆熟期采摘，选择晴天早晚、露水干后采收，人工采收保留果柄。

4. 科学防控病虫害 推荐使用40%苯醚甲环唑·咪鲜胺水乳剂2 000 ～ 2 500倍液或10%苯醚甲环唑+25%醚菌酯水分散粒剂喷雾防治病害。

第七章

农药选择及其使用原则

一、农药选择

1.优先选用生物农药 生物农药包括微生物农药、植物源农药、生物化学农药等。生物农药具有选择性强、防治对象相对单一、不易产生抗性、对人畜比较安全、更有利于农产品质量安全、环境污染小等优点。

2.合理选用高效低毒的化学农药 在病虫害发生比较严重或者单独使用生物农药不能较快地体现防治效果时，可以选用高效低毒的化学农药。

3.严禁使用高毒、高残留农药 果蔬多是鲜食农产品，禁止使用高毒、高残留或残留期长的农药。

4.科学选择植物生长调节剂 围绕果蔬生长特点，在专业人员的指导下，科学选择植物生长调节剂，可以提高产量、改善品质、实现增收。

二、农药使用原则

农药的安全合理使用是在掌握农药性能的基础上，合理用药，充分发挥其药效作用，防止有害生物产生抗药性，并保证对人、畜、植物及其他有益生物的安全，做到经济合算、增产增收。

1.选择对路农药 第一，要充分了解所要防治的对象，了解病虫草害的发生类别、种类、特征，“依虫下药，对病治疗”，要能解决田间有害因素的主要矛盾；第二，要了解所购农药的成分、特性、用途，也就是农药本身的特性；第三，要严格遵循我国有关政策法规，确保食品、环境安全。

2.选择最佳施药时期 每种病虫害的发生数量达到一定的程度，才会对农作物造成危害和经济损失。因此，要根据当地植保部门制定的病虫草害防治指标来施药。农作物病虫害的施药适期，一般是指病虫害在整个生育期中最薄弱和对农药最敏感的时期，此时使用药剂进行防治可收到事半功倍的效果。一般遵循在病虫害发生最薄弱的环节时期施药及农作物抗药性较强的生育期施药，避免在天敌繁殖高峰期施药，以达到保护天敌的目的。田间施药要注意温度、湿度和光照等环境气候因素，在大雨、大风天气不施药，中午高温时间不施药，夏季在16～17时后施药等。

3.选择最佳施药剂量 为了使药剂能均匀地分布在作物上，使药剂与害虫或病原菌接触的概率更多，要求在单位面积上有足够的药量，以确保对防治对象有较好的防治效果。而农药标签上所标注的浓度和使用量是根据病虫害的对象(种类、虫态或虫龄)、药剂的性能、不同的作物、不同的生育期、不同的施药方法等方面确定的，是经过严格的登记试验所确定的。所以，用户应严格按照农药标签的要求按比例配兑使用，不能随意地增加或减少使用量。在配药时要精准配药，多用二次稀释法确保农药能充分溶解，使剂量更加准确。

4.选择最佳施药方法和施药器械 农药施药方法是为把农药施用到目标物上所采用的各种施药技术措施。按农药的剂型和喷撒方式可分为喷雾法、喷粉法、施粒法、熏烟法及毒饵法等。其中，喷雾法是当前我国主要施药方法之一，为确保施药质量，注意提高药液的湿展性能，应重视稀释药液的水质以及选择性能良好的施药器械。

5. 合理轮换、交替、混合用药（减少抗药性） 有害生物在长期的化学农药防治条件下会产生抗药性。不同的用药水平、不同区域的有害生物抗性上升的程度不一，因而造成同一种药剂对同一种靶标生物的药效有差异。为达到有效防治目的，应加强对有害生物的抗性监测，有针对性地选择农药品种，适度控制用药水平，避免长期使用同一种或同类的农药。合理轮换、交替使用农药可降低病虫草害抗性的产生。

6. 严格掌握农药安全间隔期 安全间隔期和每季最多使用次数分别是为了保障产品安全使用，规定的使用后与农作物收获最小间隔时间和农作物每季最多使用次数。为了便于农户理解，标签上通常将安全间隔期表述为：“使用本品后的农作物至少应间隔 × × 天才能收获”。所以，农户应严格按照标签注明使用，严禁擅自增加施药次数和乱施药，以确保农产品质量安全。

7. 确保用药安全，避免人畜中毒 施药人员须穿戴防护用品、执行安全预防措施及避免事项、符合安全防护操作要求；孕妇及哺乳期妇女应避免接触，不要在水源地、河流等水域清洗施药器械，不能随意丢弃农药包装物等废弃物，保护好生态环境。

8. 禁限用农药 为从源头上解决农产品尤其是蔬菜、水果、茶叶的农药残留超标问题，国家明令禁止、限用一些农药品种，规定禁止或限制在有关作物上使用。使用者应当严格按照登记规定的范围使用，避免因使用不当对农产品安全、使用者安全、生态环境安全带来危害。

9. 对环境的安全 农药作为有毒一类化学品，大量使用易对生态环境、食品安全、人体健康造成严重影响。农药的广泛使用并残留在环境中，对土壤、水环境质量及后茬作物均会产生潜在危害，影响农业生产和生态环境健康。作为农药使用者，首先要根据实际情况，优选对环境友好的农药品种或农药剂型；在使用前，必须仔细阅读农药标签上的说明，了解药剂的本身特点及注意事项。在具体施药过程中，做到合理控制施药量和次数，合理选择施药方式，合理把握施药时机，同时优选先进的施药器械，提高农药利用率，避免对非靶标生物的伤害。

三、农药使用效果不佳的常见原因与补救措施

1. 农药使用效果不佳的常见原因 当使用农药后没有表现出良好的防治效果，用户应该暂停使用该药，仔细核对农药标签的相关注意事项，回顾之前的施药方法和防治时期，尽快找出问题产生的原因，及时采取适当的补救措施，降低农作物的损失程度。常见的主要原因有：

（1）产品质量不合格。农药质量不过关是影响防治效果最主要的原因之一。农药产品中有效成分含量不足、不符合产品技术指标要求，不仅不能有效防治农作物的病虫草害，有时还会增加病虫草害的抗药性。

（2）产品未取得合法登记。少数农药生产企业为了追求利益，在未经正规试验登记、未对其有效性及安全性评价的情况下，就非法生产，扩大已登记农药的适用作物和防治对象，从而造成防治效果没有保障。如果没有严格按照标签上标注的适用作物、用药量、使用方法和使用技术要求施药，可能出现没有防治效果或者防治效果不佳的情况。

（3）施药器械使用不当。用户应根据防治目的选择合适的施药器械，施药器械质量的优劣也会对防治效果产生影响。质量差的喷雾器跑冒滴漏现象严重、喷头雾化效果差、雾粒粗、黏着性差、沉积率低、药液流失严重，不仅使农药防治效果差，还会严重污染环境，造成施药人员中毒。

(4) 环境气候影响。环境和气候条件也会不同程度地影响农药的防治效果。温度、湿度、光照、风力、阴晴等对防治对象的发生、活动规律和防治效果影响较大。如大风可以引起药液发生飘移，降低农药防治效果，还容易引起邻近敏感作物发生药害；施药后的一定时间内应保证无雨，以免造成药剂被冲刷，影响到药效的充分发挥。

(5) 抗性问题。连续性地使用同一种作用机制的同类农药，可能会使病虫草产生抗性，导致农药的药效发挥不出来。应当选择作用机制不同的农药品种进行轮换和交替使用，以延缓抗性的产生。

2.补救措施 使用农药后产生问题，应当立即停止该药的使用，并尽快采取补救措施。首要是查找问题产生的原因，与农药经销商或生产企业取得联系，就发生的现实情况进行沟通交流；也可以到当地管理部门请教或者电话咨询技术专家，确定农药防治效果较差的原因，并找到解决问题的办法。

根据产生问题的原因，采取以下补救措施：

(1) 对涉嫌假冒伪劣农药导致防治效果不佳的，及时购买品牌企业的合格农药重新使用。

(2) 因使用技术不当造成防治效果不佳的，在技术人员的指导下，按正确的使用技术要求重新使用。

(3) 因农药抗性导致防治效果不佳的，在技术人员的指导下，采用不同作用机理的其他农药及时防治。

(4) 因产品不具有该使用功能导致防治效果不佳的，重新购买具有相应使用功能的农药补施。

(5) 因使用农药产生药害的，应该积极与农药生产企业、经销商、当地农业技术人员取得联系，针对农作物的实际表现状况采取合理的补救措施。例如，更换农药品种、加强农田管理等措施。

第八章 冬枣栽培管理中的其他问题

一、栽培管理要点

1.中耕除草，松土保墒 枣园应加强中耕，每年多次中耕，既除草又松土。中耕深度6～10厘米，对树下萌生的根蘖苗及时清除，以节约养分增强树势，保持枣园清洁、土壤疏松、通透性良好，同时可以减轻病虫害的发生。

2.秋施基肥 秋施基肥（又称“月子肥”）应在9～11月进行，在此期间越早越好。因为早施地温较高，有利于肥料腐熟、分解，根系处于活动期，伤根易愈合并发生新根。

基肥以有机肥、无机肥混合为主，每亩地施用土杂肥3～5吨，复合肥以每株树0.75千克左右为宜。施肥方式以沟施为主，施肥沟距树干60厘米，宽度、深度以40厘米为宜；也可采用环形沟或穴施等方式施肥。施肥后灌封冻水，易于肥料吸收，减少冻害。

秋施基肥可以补充树体损失养分，增加树体营养，增强树势，提高树体抗冻能力，为来年冬枣生长打下良好基础，促使枣树提前发芽。

3.追肥 冬枣树生长发育期进行追肥，以有机肥为主，配施复合肥料。根据枣树物候期需肥特点，一年可以追肥2次。第一次在萌芽前（4月上旬），以有机肥为主，促进枣树发芽；第二次在幼果膨大期（7月上中旬），以高钾肥料为主，促使营养物质积累，提高糖分，有利于冬枣着色、增产增收。

4. 叶面施肥 除根部施肥外，为了补充部分营养物质，需对冬枣树进行叶面施肥5次左右。可喷施硼、钙、锌、铁、锰等微量元素肥料3次，补充树体必需的微量元素。果实膨大期叶面喷施高钾叶面肥2次，促进营养物质积累，以提高产量和品质。

5. 灌水 一般一年浇4遍水，即萌芽前、幼果膨大期、脆熟期及封冻前。如花前持续干旱，可以及时浇水预防落花。但切忌在盛花期浇水，盛花期浇水会造成大量落花，坐果率明显降低。幼果膨大期浇水有利于果实快速膨大。脆熟期浇水可以预防后期高温干旱造成冬枣缩果。封冻前浇水可以降低冻害。

二、缺素症及其防治

多数枣农重视复合肥的使用，而忽视了微量元素的补充，从而导致冬枣生理性病害多发，畸形果、黄叶、裂果、苦痘病、日灼病等发生频繁。

1. 冬枣缺硼症

（1）症状。缺硼时，表现为枝梢顶端停止生长，从早春开始显现症状，到夏末新梢叶片呈棕色，幼叶畸形，叶片扭曲，叶柄呈紫色，顶梢叶脉出现黄化，叶尖和边缘出现坏死斑，继而生长点死亡，并由顶端向下枯死，形成枯梢。花器发育不健全，落花、落果严重。大量缩果，果实畸形，以幼果最重，严重时尾尖出现裂果，顶端果肉木栓化，呈褐色斑块状，种子变褐色，果实失去商品价值。

（2）原因。土壤缺少硼元素。

（3）防治方法。增施硼肥、花期喷硼砂液。

2. 冬枣缺铁症

（1）症状。新梢上的叶片变为黄色或黄白色，而叶脉仍为绿色。严重时，顶端叶片焦枯。常发生于盐碱地或石灰质过高的地方，园地较长时间渍害，苗木和幼树受害最重。

（2）原因。当土质过碱、含有过多碳酸钙以及土壤湿度过大时，可溶性铁变为不溶性状态，植株无法吸收，从而导致树体缺铁。

（3）防治方法。增施有机肥、施硫酸亚铁肥、叶面喷施硫酸亚铁或螯合铁溶液。

3. 冬枣缺钙症

（1）症状。冬枣缺钙易引起后期裂果，发生苦痘病、日灼病等病害。

（2）原因。土壤中有效钙供应不足、钙在体内吸收运输缓慢且在各器官分配不平衡、钙元素和其他元素的拮抗作用。

（3）防治方法。增施有机肥，平衡施肥；施过磷酸钙；叶面喷施钙肥。

此外，还有缺锌症，又叫小叶病；缺镁症，表现为叶面黄化等。

三、草害防控

1. 杂草种类　据调查，冬枣园的杂草主要有：马唐、牛筋草、狗尾草、虎尾草、画眉草、野燕麦、白茅（以上为禾本科）；刺儿菜、苦荬菜、艾蒿、苍耳、蒲公英（以上为菊科）；龙葵（茄科）；荠菜（十字花科）；马齿苋（马齿苋科）；反枝苋（苋科）；铁苋菜（大戟科）；三棱草（莎草科）；小旋花（旋花科）；灰菜（藜科）；小车前（车前科）；鸭跖草（鸭跖草科）等16科37种。

2. 发生危害 冬枣园的生态环境比较稳定，株行距大，通风透光，比较适合各类杂草的生长。冬枣园杂草种类繁多，既有一、二年生杂草，也有多年生杂草，构成冬枣园杂草复杂的植被。杂草发生量大、生长速度快以及与冬枣树竞争生长（水、肥、光照、二氧化碳等），而且有些杂草还是传播病虫的媒介或寄主。因此，杂草对冬枣树生长威胁很大，特别对幼树和未结果的冬枣树。据调查，杂草对冬枣树的危害损失率一般在5%～10%，个别地块可达到20%。

3. 化学防治

（1）土壤处理。每亩用960克/升精异丙甲草胺乳油50～80毫升均匀喷雾，对土壤进行封闭处理。

（2）茎叶处理。每亩用20%草铵膦水剂200～300毫升，进行茎叶喷雾。

附录

附录1　禁限用农药名录

《农药管理条例》规定，农药生产应取得农药登记证和生产许可证，农药经营应取得经营许可证；农药使用应按照标签规定的使用范围、安全间隔期用药，不得超范围用药。剧毒、高毒农药不得用于防治卫生害虫，不得用于蔬菜、瓜果、茶叶、菌类、中草药材的生产，不得用于水生植物的病虫害防治。

一、禁止（停止）使用的农药（46种）

六六六、滴滴涕、毒杀芬、二溴氯丙烷、杀虫脒、二溴乙烷、除草醚、艾氏剂、狄氏剂、汞制剂、砷类、铅类、敌枯双、氟乙酰胺、甘氟、毒鼠强、氟乙酸钠、毒鼠硅、甲胺磷、对硫磷、甲基对硫磷、久效磷、磷胺、苯线磷、地虫硫磷、甲基硫环磷、磷化钙、磷化镁、磷化锌、硫线磷、蝇毒磷、治螟磷、特丁硫磷、氯磺隆、胺苯磺隆、甲磺隆、福美胂、福美甲胂、三氯杀螨醇、林丹、硫丹、溴甲烷、氟虫胺、杀扑磷、百草枯、2,4-滴丁酯。

注：氟虫胺自2020年1月1日起禁止使用。百草枯可溶胶剂自2020年9月26日起禁止使用。2,4-滴丁酯自2023年1月29日起禁止使用。溴甲烷可用于“检疫熏蒸处理”。杀扑磷已无制剂登记。

二、在部分范围禁止使用的农药（20种）

通用名	禁止使用范围
甲拌磷、甲基异柳磷、克百威、水胺硫磷、氧乐果、灭多威、涕灭威、灭线磷	禁止在蔬菜、瓜果、茶叶、菌类、中草药材上使用，禁止用于防治卫生害虫，禁止用于水生植物的病虫害防治
甲拌磷、甲基异柳磷、克百威	禁止在甘蔗作物上使用
内吸磷、硫环磷、氯唑磷	禁止在蔬菜、瓜果、茶叶、中草药材上使用
乙酰甲胺磷、丁硫克百威、乐果	禁止在蔬菜、瓜果、茶叶、菌类和中草药材上使用
毒死蜱、三唑磷	禁止在蔬菜上使用
丁酰肼（比久）	禁止在花生上使用
氰戊菊酯	禁止在茶叶上使用
氟虫腈	禁止在所有农作物上使用（玉米等部分旱田种子包衣除外）
氟苯虫酰胺	禁止在水稻上使用

注：甲拌磷、甲基异柳磷、克百威有重复介绍，表内一共列出20种农药。

附录2 冬枣上已登记产品名录

登记证号	产品	生产厂家	农药类别	作物/场所
PD20085028	250克/升丙环唑乳油	山东滨农科技有限公司	杀菌剂	冬枣
PD20100823	40%啶虫脒水分散粒剂	山东滨农科技有限公司	杀虫剂	冬枣
PD20101087	0.5%甲氨基阿维菌素微乳剂	山东滨农科技有限公司	杀虫剂	冬枣
PD20111128	70%吡虫啉水分散粒剂	山东滨农科技有限公司	杀虫剂	冬枣
PD20121579	430克/升戊唑醇悬浮剂	山东滨农科技有限公司	杀菌剂	冬枣
PD20140879	200克/升草铵膦水剂	山东滨农科技有限公司	除草剂	冬枣园
PD20141898	960克/升精异丙甲草胺乳油	山东滨农科技有限公司	除草剂	冬枣园
PD20141656	5%阿维菌素水乳剂	沾化国昌精细化工有限公司	杀虫剂	冬枣
PD20151904	50%苯甲·丙环唑微乳剂	沾化国昌精细化工有限公司	杀菌剂	冬枣
PD20151946	40%苯甲·咪鲜胺水乳剂	沾化国昌精细化工有限公司	杀菌剂	冬枣
PD20170074	30%阿维·螺螨酯悬浮剂	沾化国昌精细化工有限公司	杀虫剂	冬枣
PD20171615	40%苯甲·嘧菌酯悬浮剂	沾化国昌精细化工有限公司	杀菌剂	冬枣
PD20171923	25%噻虫嗪水分散粒剂	沾化国昌精细化工有限公司	杀虫剂	冬枣

（续）

登记证号	产品	生产厂家	农药类别	作物/场所
PD20140749	25%噻虫嗪水分散粒剂	济南仕邦农化有限公司	杀虫剂	冬枣
PD20110392	30%戊唑醇悬浮剂	青岛中达农业科技有限公司	杀菌剂	冬枣
PD20120561	40%咪鲜胺水乳剂	青岛中达农业科技有限公司	杀菌剂	冬枣
PD20150442	430克/升戊唑醇悬浮剂	山东碧奥生物科技有限公司	杀菌剂	冬枣
PD20121865	45%咪鲜胺水乳剂	山东曹达化工有限公司	杀菌剂	冬枣
PD20132462	430克/升戊唑醇悬浮剂	山东曹达化工有限公司	杀菌剂	冬枣
PD20140838	25%噻虫嗪水分散粒剂	山东丰禾立健生物科技有限公司	杀虫剂	冬枣
PD20120742	450克/升咪鲜胺水乳剂	山东禾宜生物科技有限公司	杀菌剂	冬枣
PD20120853	430克/升戊唑醇悬浮剂	山东禾宜生物科技有限公司	杀菌剂	冬枣
PD20121834	25%咪鲜胺水乳剂	山东禾宜生物科技有限公司	杀菌剂	冬枣
PD20131385	430克/升戊唑醇悬浮剂	山东申达作物科技有限公司	杀菌剂	冬枣
PD20121662	25%咪鲜胺水乳剂	山东省联合农药工业有限公司	杀菌剂	冬枣
PD20140150	430克/升戊唑醇悬浮剂	山东省联合农药工业有限公司	杀菌剂	冬枣
PD20140165	25%噻虫嗪水分散粒剂	山东省联合农药工业有限公司	杀虫剂	冬枣
PD20130670	25%噻虫嗪水分散粒剂	山东省青岛奥迪斯生物科技有限公司	杀虫剂	冬枣

（续）

登记证号	产品	生产厂家	农药类别	作物/场所
PD20150174	50%戊唑醇悬浮剂	山东省青岛东生药业有限公司	杀菌剂	冬枣
PD20120679	450克/升咪鲜胺水乳剂	山东省青岛瀚生生物科技股份有限公司	杀菌剂	冬枣
PD20121561	430克/升戊唑醇悬浮剂	山东省青岛瀚生生物科技股份有限公司	杀菌剂	冬枣
PD20130591	430克/升戊唑醇悬浮剂	山东省青岛金尔农化研制开发有限公司	杀菌剂	冬枣
PD20121221	430克/升戊唑醇悬浮剂	山东省青岛泰源科技发展有限公司	杀菌剂	冬枣
PD20130803	430克/升戊唑醇悬浮剂	山东省烟台科达化工有限公司	杀菌剂	冬枣
PD20120106	450克/升咪鲜胺水乳剂	山东汤普乐作物科学有限公司	杀菌剂	冬枣
PD20120437	80%戊唑醇可湿性粉剂	山东怡浦农业科技有限公司	杀菌剂	冬枣
PD20110920	430克/升戊唑醇悬浮剂	山东亿嘉农化有限公司	杀菌剂	冬枣
PD20121054	450克/升咪鲜胺水乳剂	山东亿嘉农化有限公司	杀菌剂	冬枣
PD20141436	25%噻虫嗪水分散粒剂	山东亿嘉农化有限公司	杀虫剂	冬枣
PD20102129	450克/升咪鲜胺水乳剂	山东兆丰年生物科技有限公司	杀菌剂	冬枣
PD20131693	450克/升咪鲜胺水乳剂	山东邹平农药有限公司	杀菌剂	冬枣
PD20131820	430克/升戊唑醇悬浮剂	山东邹平农药有限公司	杀菌剂	冬枣

注：本表所列农药产品是目前我国所有用于冬枣的已登记产品，实际应用以所购产品使用说明书为准。

附录3　部分冬枣已登记农药*

一、杀虫剂

1. 柯尼卡（25%噻虫嗪水分散粒剂）　特点：高效、低毒、杀虫谱广。作用机理：阻断昆虫中枢神经系统的传导，造成害虫麻痹死亡。具有良好的触杀、胃毒、强内吸和渗透性，作用迅速，持效期长。主要防治冬枣绿盲蝽，在虫害发生初期进行防治。

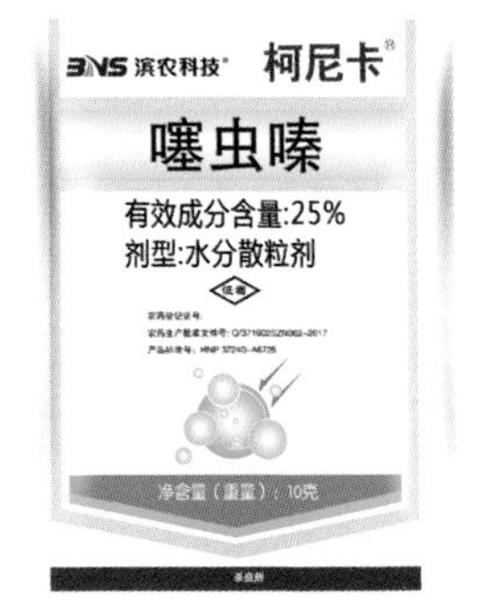

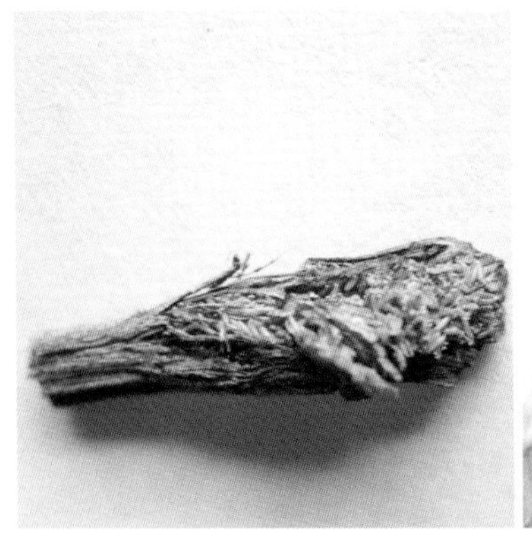

*　仅供参考，实际应用以所购产品使用说明书为准。

2. 乐盈盈（3%阿维菌素+27%螺螨酯悬浮剂） 特点：以触杀作用为主，同时具有较强的渗透作用，施药时要均匀喷雾，防治效果突出。持效期长，对螨卵、若螨、成螨均有优良的防治效果。主要防治冬枣红蜘蛛，在虫害发生初期进行防治。

3.农得闲（70%吡虫啉水分散粒剂） 特点：内吸性强，在植物体内具有优良的传导作用。触杀、胃毒和内吸三重功效，药后一天达到90%的防治率，持效期长。主要用于防治冬枣绿盲蝽。在冬枣绿盲蝽盛发初期开始施药，喷雾要均匀。

4. 滨农四拳（0.57%甲氨基阿维菌素苯甲酸盐微乳剂） 特点：具有胃毒和触杀作用，施药后8～10小时害虫即停止取食，表现出中毒症状，不再危害作物。24小时开始死虫，中毒率高。72小时达到死虫高峰期，死虫彻底。对作物无内吸性能，但具有较强的渗透性，对冬枣的枣黏虫、棉铃虫有较好的防效。

5. 金特（40%啶虫脒水分散粒剂） 特点：对多种刺吸式害虫具有很好的胃毒、触杀作用。具有活性较高、用量少、持效期较长等特点。主要用于防治冬枣绿盲蝽。在冬枣绿盲蝽发生初期开始施药，喷雾要均匀。

二、杀菌剂

1. 灵利多（15%苯醚甲环唑+25%嘧菌酯悬浮剂） 特点：具有优异的保护、治疗、内吸、铲除活性四重功效。对多种植物病害，如半知菌、担子菌、子囊菌、卵菌纲等病原引起的病害均具有防治效果。具有潜在地提高冬枣品质的作用。主要防治冬枣炭疽，在病害发生之前进行预防。

2.巧玲（43%戊唑醇悬浮剂） 特点：高效内吸，超强渗透。具有保护和治疗作用，为内吸性杀菌剂。主要用于防治冬枣锈病，在发病初期进行均匀喷雾。

3. 金喜达（10%苯醚甲环唑+30%咪鲜胺水乳剂） 特点：能够防治多种病害，起到保鲜的优良效果。具有保护和铲除作用，在植物体内能够内吸传导，持效期长。主要用于防治冬枣炭疽。在发病初期开始喷施处理，均匀喷雾。

4.茂隆（25%苯醚甲环唑+25%丙环唑微乳剂） 特点：安全高效，对多种作物安全。具有保护和治疗作用，为超强内吸性杀菌剂，可被根、茎、叶吸收，并能很快地在植物体内向上传导，持效期长。主要防治冬枣褐斑病。在冬枣褐斑病发病初期或前期开始喷施处理，均匀喷雾。

5.必扑尔（250克/升丙环唑乳油） 特点：具有保护和治疗作用的内吸性杀菌剂，可被根、茎、叶吸收，并能很快地在植株体内向上传导。主要用于冬枣锈病。在病害发生前期或初期开始施药，均匀喷雾。

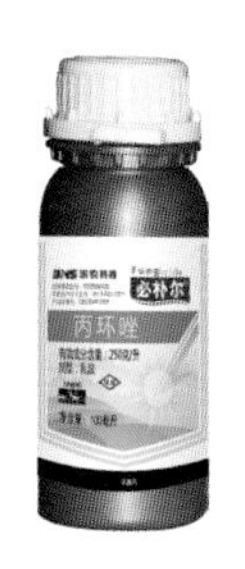

三、除草剂

农爵爷（200克/升草铵膦水剂） 特点：为灭生性茎叶处理除草剂，可防除多种一年生和多年生绿色杂草。具有杀草谱广、杀草速度快、持效期长、耐雨水冲刷，对农田土壤、有益生物及生态环境友好等特点。在杂草生长旺盛期，进行定向茎叶喷雾处理。

参考文献

段培奎，左振鹏，2014.农作物病虫害防治员[M].北京：中国农业出版社.

华世珍，唐显富，等，1985.作物病害防治技术[M].重庆：科学技术文献出版社重庆分社.

国家质量监督检验检疫总局，2011.冬枣生产技术规范：GB/Z 26579—2011[S].北京：中国质检出版社.

苏少泉，1993.杂草学[M].北京：农业出版社.

魏启文，刘绍仁，2011.农药识假辨劣与维权[M].北京：中国农业出版社.

徐汉虹，2007.植物化学保护[M].北京：中国农业出版社.

伊建平，贺杰，单长卷，2012.常见植物病虫害防治原理与诊治[M].北京：中国农业大学出版社.

张玉聚，等，2002.除草剂药害诊断原色图谱[M].郑州：河南科学技术出版社.

周普国，吴国强，吴志凤，2018.果蔬菜农药选购与使用[M].北京：中国农业出版社.

图书在版编目（CIP）数据

冬枣病虫草害防治技术彩色图谱/张耀中，金岩，黄延昌主编．—北京：中国农业出版社，2020.5
ISBN 978-7-109-26616-2

Ⅰ.①冬…　Ⅱ.①张…②金…③黄…　Ⅲ.①枣-病虫害防治-图谱②枣-除草-图谱　Ⅳ.①S436.65-64 ②S451.24-64

中国版本图书馆CIP数据核字（2020）第032891号

中国农业出版社出版
地址：北京市朝阳区麦子店街18号楼
邮编：100125
责任编辑：冀　刚
版式设计：杜　然　　责任校对：赵　硕
印刷：中农印务有限公司
版次：2020年5月第1版
印次：2020年5月北京第1次印刷
发行：新华书店北京发行所
开本：850mm × 1168mm　1/32
印张：2.5
字数：80千字
定价：25.00元
